LE COMMERCE

ET

L'INDUSTRIE

A LIMOGES.

Martial Ardant frères

30581

LE COMMERCE

ET

L'INDUSTRIE

A LIMOGES

ET DANS LA HAUTE-VIENNE.

PAR LOUIS ARDANT.

-o⟨⟩⟨⟩o-

LIMOGES ET ISLE

MARTIAL ARDANT FRÈRES, ÉDITEURS.

—

1856

LE COMMERCE

ET

L'INDUSTRIE

A LIMOGES [1].

—o§§§o—

De tous les traits caractéristiques qui distinguent la ville de
Limoges et le département de la Haute-Vienne, l'un des plus
saillants a été, à toutes les époques, le génie industrieux,
artistique et commerçant de leurs habitants.

Qu'on étudie, sous cet important point de vue, l'histoire des
villes de l'ancienne France, et l'on reconnaîtra qu'il en est fort
peu qui présentent des situations plus diverses et plus cu-
rieuses à observer et à analyser.

En effet, les siècles passent, causant des révolutions qui
entraînent çà et là des modifications profondes, de vraies transformations sociales. Des cités considérables s'effacent, dispa-
raissent, contrariées ou emportées par la marche des événements; tandis que la ville de Limoges peut successivement
grandir, en conservant, en transmettant d'une génération à

(1) Extrait du GUIDE DE L'ETRANGER A LIMOGES, vol. format Charpentier,
sous presse.

une autre son individualité, son activité, nous dirons même son orginalité.

C'est en vain que l'histoire la présente tour à tour assiégée, saccagée, pillée, brûlée, attaquée dans sa richesse industrielle et commerciale, presque anéantie dans tous ses intérêts, et menacée, ainsi que d'autres grandes cités, d'être à jamais détruite.

Comme par enchantement, nous la retrouvons bientôt se relevant de ses ruines, reprenant avec prudence le cours de ses destinées, et sachant reconstituer patiemment, au profit de l'avenir, une importance religieuse, politique, artistique ou industrielle qui, entre des mains intelligentes, alors comme aujourd'hui, devait résister à tous les chocs et devenir ineffaçable (1).

Remercions nos courageux et laborieux ancêtres de nous avoir légué un si précieux héritage, et constatons avec bonheur que les générations qui les ont suivis s'en sont montrées les dignes héritières; car la prudence, l'activité, la persévérance, l'économie et l'intelligence font bien encore la force de nos populations laborieuses, en même temps que la probité, le sentiment du devoir, l'honnêteté dans les transactions, en font aujourd'hui l'honneur au milieu de la France actuelle.

L'industrie et le commerce à Limoges ont subi tour à tour des phases et des crises bien diverses; mais, avant de les parcourir, disons d'abord combien nous regrettons que les documents nous manquent pour pouvoir analyser, à travers des époques incertaines et tumultueuses, l'histoire du travail dans la Haute-Vienne. C'eût été certes une bonne fortune pour nous que de pouvoir pénétrer dans ces temps reculés, et d'assigner à la naissance de nos importants intérêts matériels un point de départ connu.

Toutefois nous pouvons avancer avec confiance qu'après la conquête des Romains, la ville de Limoges dut être un lieu de passage très fréquenté, une halte très importante entre les provinces du nord et du midi des Gaules.

Ce qui le prouve, c'est que cette ville put captiver l'attention

(1) *Pressa, non oppressa est*, dit un poète latin.

de ses vainqueurs et se voir dotée de monuments d'une grande magnificence. Elle avait un capitole, un amphithéâtre; on y voyait un grand nombre de beaux temples et de riches palais. Elle devint même tellement florissante, qu'on la nomma une *seconde Rome*, et qu'elle fut du nombre des soixante cités qui élevèrent à Lyon des statues à Auguste, et qui obtinrent la permission de prendre le nom de ce prince. A la fin du iv⁰ siècle on la nommait *Augustoritum*.

Les chemins qui s'en détachèrent successivement çà et là, pour aboutir à Bordeaux, à Poitiers, à Saintes, à Bourges, à Autun, à Clermont, attestent, d'un autre côté, de sa situation commerciale favorable, et ils durent, en faisant naître d'importants échanges, la rendre naturellement l'entrepôt d'un certain nombre de provinces limitrophes.

Telle a dû être l'origine de notre commerce.

La principale industrie du Limousin dut être aussi à cette époque celle des bœufs et des chevaux, grandis et formés dans le pays même, parmi nos prairies verdoyantes et nos excellents pâturages, et la fabrication des articles nécessaires à la consommation ordinaire d'une grande localité.

La chute de l'empire romain entraîna celle de sa première splendeur, et ce qui échappa à la fureur des barbares a été insensiblement détruit par le temps.

Mais si l'histoire est presque muette pendant les premiers siècles, aux vi⁰ et vii⁰ la ville de Limoges se dresse avec éclat aux regards de la postérité. Elle se couvre d'émailleurs, de ciseleurs, d'argentiers, qui, sous le nom modeste d'orfèvres, font de vrais travaux d'art dont on a malheureusement oublié les secrets de fabrication; travaux que l'on recherche et que l'on admire toujours (1).

L'habileté de nos divers industriels en ce genre caractérise dès ce moment une époque célèbre qui fait honneur à la France, et les rois Clotaire II, Dagobert et Clovis II, pour reconnaître l'éclat des services artistiques rendus déjà au pays par nos concitoyens, voulurent avoir à leur cour un de leurs plus dignes représentants, notre compatriote saint Eloi (2).

(1) *Voyez* liste des émailleurs de Limoges, par Maurice Ardant, page 201, 1ʳᵉ partie, à laquelle il faut ajouter:

1503, Léonard Pénicaud, dit *Nardou*, L P. poinçon, revers incolore.

1630, Barthélemy Vergnaud.

(2) Saint Eloi naquit en 588, sous le règne de Clotaire II, à deux lieues de Limoges, dans la petite ville, bourg ou village de Chaptelat (in villâ Catalacense, in vico qui dicitur Cuthalacum).

Bien que cette majestueuse figure ait dû peut-être autant à ses éminentes vertus de chrétien et de pontife qu'à son origine artistique l'auréole dont la postérité a entouré sa vie et les services qu'il a rendus à la civilisation, nous pouvons à juste titre, et sans excès d'orgueil, le signaler comme le premier, comme le plus habile artiste de la France à cette époque.

Un grand nombre d'auteurs se sont empressés de rechercher tout ce qui avait trait à la vie de cet homme illustre, et, tout en honorant ses vertus, son caractère, son génie, ils ont été conduits à se faire les panégyristes de nos compatriotes. La vie de

Eloi, en latin Eligius, vient du verbe latin *eligere*, choisir. Saint Eloi fut vraiment l'homme élu de Dieu, pour être l'exemple de ses frères pendant sa vie, et la gloire de l'Eglise après sa mort.

Le père de saint Eloi, dit saint Ouen, son historien, trouvant dans son fils les plus heureuses dispositions, le mit en apprentissage chez Abbon, orfèvre très estimé et très en réputation, qui à cette époque dirigeait à Limoges l'atelier public de la monnaie du fisc; établissement qui fonctionnait avec activité depuis le commencement du vi^e siècle.

J. Le Vasseur, dans ses remarques sur la vie de saint Eloi, dit, chap. VII, qu'il avait un grand génie pour toutes choses, et s'exprimait avec facilité et pureté. Le même auteur ajoute, aux chap. XI, XII et XIII, que ce fut une pièce d'orfèvrerie, d'autres disent un trône royal d'une grande magnificence, qui fit connaître saint Eloi du roi de France, et l'éleva si rapidement aux honneurs, à la fortune, et, par dessus tout, à l'entière confiance du souverain et même des courtisans.

Montigni, le plus ancien historien de notre saint après saint Ouen, l'appelle, comme Aimoin, *Aurifex probatissimus*, orfèvre très estimé.

A la cour du roi Dagobert, Eloi faisait, pour l'usage du roi, un grand nombre de vases d'or enrichis de pierres précieuses. C'est de ce règne que datent les monnaies qui restent de saint Eloi, et qu'il frappa à Paris. Elles portent son nom, ELIGIVS MONETARIVS, et ceux de Clotaire, Dagobert et Clovis II.

Saint Eloi était encore laïque lorsqu'il fonda le monastère de *Solemniac* (*Solemnac, Solengnac, Solognac*, aujourd'hui *Solignae*), le premier et le plus grand qu'on eût vu jusqu'alors dans les Gaules et dans le Limousin, et qu'il lui donna les règles de celui de Luxeuil.

Mabillon a conservé la charte que saint Eloi rédigea pour la fondation de Solignac. Elle est très remarquable, comme tout ce qui est sorti de la plume du saint évêque de Noyon. Elle est datée de la dixième année du règne de Dagobert. Ce travail même est considéré par les savants comme un monument littéraire et historique d'une très haute importance pour l'étude du viie siècle.

Un tableau représentant saint Eloi a été accordé, en 1856, à l'église de Chaptelat par S. M. l'Empereur Napoléon III, sur la demande de M. le vicomte Arthur de Laguéronnière, conseiller d'Etat. Emettons un vœu: c'est que le diocèse de Limoges, à son tour, pour honorer la mémoire de ce saint illustre, lui dédie bientôt une église ou un monument.

saint Eloi a inspiré notamment à Le Vasseur (1) un bien beau portrait des Limousins. Nous doutons qu'aucune province de France ait à constater, dès cette époque, une mention aussi honorable.

Cet auteur s'est acquitté de cette tâche avec tant de bonheur et d'esprit que nous nous faisons un devoir de le reproduire.

« Briesuement doncques ie diray pour remarque de ce lieu » (*Cataillac* ou *Chatelac*, *où naquit saint Eloi*), que la ville de » Limoges, en laquelle sainct Eloy fit ses apprentissages de » piété et de sçauoir en sa profession, a esté non sans raison » l'ouuroir et la boutique de la diligence (2) et l'ergastule ou » prison de la fainéantise, à cause qu'elle est le vray théâtre » où le trauail et les emplois iouent perpétuellement leur » rollet : comme à l'opposite des fainéans y ont tousiours esté » trez mal venus.

» D'où ie remarque deux choses à l'aduantage du bienheu- » reux sainct Eloy : l'une, que ce n'est de merueille s'il a esté » si parfaict en sa vocation d'orfèvre, et s'il en a vsé en tant de » lieux et laissé tant d'excellents chefs-d'œuure, l'ayant ap- » prise en la boutique de la diligence. La seconde seruira d'il- » lustration pour le second chapitre du second liure de sa » vie, composée par sainct Ouen, où se trouue ce qui suit, ou » enuiron : Que celuy qui ne feroit réflexion de sa pensée » sur l'exemple de Iésus-Christ, et qui n'auroit pas ce fonde- » ment pour sur-bastir ses actions d'humilité, sans doute il » auroit honte de rendre à ses esgaux les debuoirs qu'il rendoit » à ces pasles et plombastres fainéans, tant mesprisés à Limo- » ges, lesquels il recueilloit en qualité de pauures (tels que » sont ceux qui ordinairement n'ont autre exercice que l'oy- » siveté), et les accueilloit avec plus de respect et de cour- » toisie qu'il n'en témoignoit à l'endroit de ceux de sa qualité.

» Or, pour remonter vers Limoges, non à la ville seulement, » mais à tout le pays, appartient d'aymer la vie laborieuse, » comme aussi la tempérance ; d'où se peut conclure que le » bonheur de la viuacité et des longues années acconsuit le » peuple originaire de ces quartiers. Ce qui leur est deub en- » core d'vn autre chef, à cause de leur débonnaireté et humeur » paisible. La terre estant l'apanage des débonnaires, comme

(1) *Remarques sur la vie de saint Eloi*, cap. III, page 341 à 346.

(2) Cl. Robert, en sa Gaule chrétienne : *Lemovica officina diligentiæ, ergastulum desidiæ*.

1..

» les paisibles ont droict d'estre appellés les enfans de Dieu,
» qui est éternel et immortel, tels seront ses enfans en la
» société des anges, après s'estre paisiblement comportés en
» la société des hommes. Qui est encore vne remarque digne
» du pays, que les Limosins sont passionnément amoureux de
» la société.

» Un seul passage de l'Histoire vniverselle de Jacques Charron
» fera foy de tout ce que dessus. Voicy donc ce qu'il en escrit :
» Limos ou Lemouix se saisit du pays, qui fut depuis de son
» nom appellé Limosin : auquel les hommes viuent longuement
» pour leur sobriété (1), et s'y maintiennent encore à présent
» en telle amitié les uns auec les autres, qu'on y verra quel-
» ques fois plus de cent personnes viuans et mourans ensemble
» en une mesme maison, sans aucun partage ni dissension. »

« Voilà pourquoy sainct Eloy aimoit si parfaitement la paix et
» la sobriété.

. . . .

» Pour conclure ce chapitre par appointés contraires, il se
» trouue d'autres peuples qui se cachent (tant ils sont antipa-
» thiques aux Limosins) lorsqu'ils mangent, et se font des
» tentes de seruiettes pour boire, crainte d'être apperceus. »

Ainsi, dès cette époque reculée, la ville de Limoges avait
pris sa place parmi les villes laborieuses ; elle était, comme
dit Claude Robert, le centre heureux des hommes actifs et la
prison des hommes oisifs. Pour y être estimé, honoré, il fallait
s'en rendre digne par l'intelligence ou le travail ; pour y être
méprisé, il suffisait d'être fainéant.

Un tel éloge est d'autant plus précieux à recueillir, qu'il doit
être vrai. Les habitudes de travail, pieusement honorées,
ont été généralement continuées à Limoges et dans la Haute-
Vienne jusqu'à nos jours ; et, malgré les transformations
sociales qui ont ébranlé les anciennes traditions, le travail et
l'intelligence y jouissent encore, en 1856, de plus de considé-
ration que dans beaucoup d'autres cités, comme aussi la
paresse et l'inertie y sont à juste titre en plus grand dis-
crédit.

Un poète, Jean Puncteius, dans une pièce de vers latins
qu'il écrivait au XVIe siècle, nous a laissé aussi, sur l'origine
des Limousins, sur la situation de la ville de Limoges, sur les

(1) L'Enfant prodigue, observe finement Le Vasseur, n'estoit donc de Limoges,
ou, s'il en estoit, il en fut ietté hors comme vn desnaturé.

douces mœurs de ses habitants, et sur leur aptitude pour le commerce, un tableau que nous devons reproduire (1).

Ecce Lemoviculæ sedes gratissima genti ,
Quæ, gradibus novies quinis semisseque lata,
Prospectum tollens gelidas assurgit ad Arctos ;
Longa sub occiduum nascenti ab sydere tendit ,
Et ferit Arvernas Eoo ab lumine cautes ,
Stagnosis quoque Biturigum contermina campis.
Sed quà Phœbus equos mergente sub æquore tingit
Angolmum et partem prospectat Pictonis arvi ,
Ceu dat Bituriges spectare et Pictonas ursâ ,
Petragoris mediâ quàm sol conjungit ab arce ,
Cum quibus est illi morum percrebrior usus
Vicinis quàm cum reliquis. Aquitanica tellus
Hanc habet , hanc nulli morum bonitate secundam.
Irrorat superas sinuosis flexibus oras
Montibus emanans Milevaccis alma Vienna
(Vignanam indigenæ patrio sermone profantur).
Indè Lemovicum præceps defertur in urbem.
Partem urbis vallis, ceu partem clivus adornat
Quâ patet insignis, Divorum gloria, templi
Cultus, honos, Stephanoque pio concredita sedes.

   Samotheâ fama est Gallos de stirpe Gomeri
Hoc tenuisse solum, Nohemi quo tempore proles
In varias hominum disperserit agmina plagas ,
Hinc Aboriginibus populum constare catervis.
Nulla Lemovicium quem sors mutare coegit
Nomen adhuc, Phrygios nisi vis migrasse colonos
Sedibus Alverno et rectore Lemovice, terras
Incoluisse novas, patriæ queis damna levarent.
Frugibus at mirùm sterilis, sive ubere glebæ
Et tumido nullo fluvii penetrabilis alveo.
Affluxu quam visa hominum florere frequenti ,
Quam sit et omne genus promendis mercibus apta.

   Terra potens armis, Anglis impervia quondam
Francorum experti celeres super ardua vires.
Urbs tamen hæc bello Visigothûm obsessa sinistro
Quos Scythicâ quondam Gallos deduxerat orâ ,
Pondera sustollens cladis, tendebat ad altum ;
Nec pressa oppressa est, Anglûm furialibus ausis.

   Transactis decies sex commemoratur ab annis ,
Inventas muro sublapso ædisque ruinâ ,
Relliquias ævi dantes miracula prisci,

(1) Bulletin de la Société Archéologique, 1re livraison, article traduit par M. Maurice Ardant.

Illa senatorum effigies statuasque ferebant ,
Mercuriumque Scopæ fusam sive arte Perilli ,
Argentum ambesos statuæ decorabat ocellos.
Hinc propter muros, memorandæ figura leænæ
Visitur, undè austri terris spiramina torquent ,
Quæ pedibus geminos uncis amplexa catellos
Hæc tria metra tenet basi suscripta rotundæ :
« Alma leæna duces sævos parit atque coronat.
» Opprimit hanc natus Vaifer malesanus alumnam ,
» Sed , pressus gravitate, luit sub pondere pœnas (1). »

La réputation des émaux de Limoges devint bientôt telle qu'il n'y eut plus en Europe un reliquaire de couvent, une châsse de saint, un hanap de prince , une agrafe de châtelaine ou une poignée d'épée de chevalier, qui ne fût orné d'incrustations émaillées représentant des personnages religieux ou chevaleresques.

Dès le IX⁰ siècle , dit M. E. de La Gournerie, auteur *de Rome chrétienne* , les émaux de Limoges avaient brillé tour à tour

(1) *Traduction de cette pièce.* — Voici quel est le lieu le plus agréable à la nation limousine. Il s'étend en largeur par 45 degrés et demi du côté où les regards découvrent la froide constellation de l'Ourse, en longueur du soleil levant à l'occident, et la lumière de l'aurore lui parvient après avoir effleuré la cime des montagnes de l'Arvernie; les champs pleins d'étangs des Bituriges lui sont limitrophes , vers le point où Phœbus va désaltérer ses chevaux en se précipitant dans l'Océan. Le Limousin confine à Angoulême et à une partie du territoire picton. Dans la direction de l'étoile du nord il touche aux Bituriges et aux Pictons , de même qu'il a pour voisins, du côté où le soleil atteint la moitié de la voûte céleste, les Pétragoriens , avec lesquels il a de plus fréquents rapports d'habitudes et d'usages qu'avec les autres peuples qui l'entourent. Le Limousin dépend de la contrée aquitanique. Aucun pays ne l'emporte sur lui pour la douceur des mœurs. La bienfaisante Vienne , prenant sa source aux montagnes de Mille-Vaches , arrose ses extrémités supérieures par un cours d'eau sinueux (les indigènes , en leur langage natif, appellent cette rivière *Vignane*). Elle descend ensuite rapidement dans la ville des Lémoviques. Cette cité est agréablement située, moitié dans une vallée, moitié sur une colline, où se montre la magnificence éclatante et respectée d'un temple la gloire des saints, église placée sous l'invocation du pieux Etienne.

On dit que les Gaulois de la race samothéenne de Gomer possédaient ce pays du temps où les enfants de Noé dispersèrent leurs nombreuses familles dans les différentes contrées du monde, et avaient formé un seul peuple en s'unissant aux premiers habitants aborigènes.

Aucune nécessité n'a forcé les Lémoviques à changer le nom qu'ils portent encore. Le malheur seul força ces habitants de la Phrygie à quitter leurs demeures , sous la conduite d'Alvernus et du chef Lémovix , et à venir cultiver de nouvelles

sur la couronne d'or du roi Agilulfe, sur le cercle impérial de Charlemagne, et sur la croix pectorale des évêques de Monza.

Dans les échanges de présents entre les souverains, sur tous les points du globe, les rois de France s'empressaient d'envoyer, comme un chef-d'œuvre digne de la grandeur artistique de la France, quelque article d'orfèvrerie ou de ciselure exécuté avec soin dans les ateliers de Limoges.

Au VIIIe et IXe siècles, la désolation est partout, et notre cité comme les autres subit les tristes effets de luttes qui l'appauvrissent. Au Xe, quelques textes mentionnent encore d'habiles ouvriers qui reparaissent, mais les manufactures limousines n'existent plus ou végètent misérablement.

Telles furent, selon quelques chroniques, les calamités de Limoges, qu'en 915 elle n'offrait qu'un amas de ruines. Ses murailles étaient renversées, ses églises et ses principales habitations étaient brûlées ou détruites ; elle n'avait pu encore

terres qui leur fissent oublier les calamités de leur patrie. Mais le sol est extrêmement stérile, parce que la terre, imbibée d'une trop grande quantité d'eau, est privée de fertilité. On a cependant vu prospérer ce pays par la grande affluence des voyageurs, à cause de l'aptitude de toute cette nation *à s'approvisionner de marchandises et à les vendre.*

Cette contrée, puissante par le nombre et la valeur de ses guerriers, jadis inaccessible aux Anglais, eut à lutter, dans des circonstances très difficiles, contre les forces des Francs, qui se précipitèrent sur elle. Sa capitale fut assiégée par une funeste irruption des Visigoths que les rivages de la Scythie avaient vomis sur la Gaule ; ceux-ci, emportant le pesant butin de leur victoire, s'en retournèrent par mer ; quoique écrasée, elle ne succomba pas, pas même sous les furieuses attaques des Anglais.

On raconte que, il y a soixante ans passés (1), on trouva, lors de l'éboulement d'un mur et du renversement d'un édifice, des débris précieux qui montraient la perfection merveilleuse des sculpteurs de l'antiquité. C'étaient des bustes ou des statues de sénateurs, et une image de Mercure (2) fabriquée par l'art de Scopas ou de Perillus : l'argent incrusté faisait encore briller ses yeux à demi rongés. On voit, près des remparts, du côté de la ville tourmenté par le souffle impétueux du vent du midi, la remarquable figure d'une lionne qui retient sous ses pieds armés de griffes deux lionceaux ; sa base arrondie porte cette inscription en trois vers :

« La généreuse lionne enfante et couronne des chefs redoutables. Dans un accès
» de fureur insensée, son fils Waifre accable sa mère et sa nourrice ; mais,
» écrasé par le poids des revers, il subit la peine de son attentat. »

(1) 1569.

(2) Cette statue est, depuis 1840, au cabinet des Antiques de la Bibliothèque impériale.

réparer les malheurs que lui avaient causés les ravages de Pepin et la fureur des Normands.

Il en est de même au XIᵉ siècle et au commencement du XIIᵉ. L'art reste stérile, et la ville de Limoges se relevait à peine des désastres qu'il lui avait fallu subir, que, en 1082, Guillaume VII, duc d'Aquitaine, vient l'assiéger, et la réduit à un tel point de détresse qu'elle eût été inévitablement ruinée de nouveau, si Guillaume de Taillefer ne fût venu d'Angoulême pour la secourir. Les années 1103 et 1105 furent aussi très malheureuses. Elle fut incendiée, et éprouva les horreurs de la guerre civile.

Elle resta abandonnée ou détruite à ce point que, en 1137, Louis le Jeune y étant venu, ne put trouver à se loger, et fut obligé de faire dresser des tentes sur les bords de la Vienne pour s'y abriter.

En 1183, la domination anglaise fit surgir de nouvelles difficultés. Henri III assiégea la ville et lui fit payer de fortes contributions.

En 1199, Richard dit Cœur-de-Lion fut tué devant Chalus, et cette mort fut suivie d'un nouveau siége de la Cité. Trois ans après, la disette, la famine et la peste fondirent à la fois sur notre malheureux pays. L'industrie et le commerce restèrent anéantis.

La ville de Limoges semblait avoir oublié ces temps calamiteux, lorsque saint Louis céda une partie de l'Aquitaine au roi d'Angleterre. On vit naître bientôt de nouveaux troubles et de nouvelles discordes. Les bourgeois, les vicomtes de Limoges et les abbés de Saint-Martial se ruinèrent notamment en procès les uns contre les autres. Quelle triste époque !

Les arts industriels, comme les lettres, ne savaient plus où chercher, où trouver un abri. Par bonheur, ils purent se réfugier et se soutenir vivaces dans quelques cellules qui, quoique rarement respectées çà et là par les barbares, échappaient néanmoins] plus facilement à leurs dévastations que les villes et les châteaux.

C'est ainsi que, pendant trois siècles, notre pays put avec peine sauvegarder sa fortune industrielle et commerciale, mais sans perdre l'espoir de la développer dès que les temps deviendraient moins agités.

Cette attente patiente ne fut pas trompée.

Dès la fin du XIIᵉ siècle de meilleurs jours apparaissent, et notre industrie artistique se relève avec vigueur. Le passé n'a pas énervé le courage de nos ouvriers, ni laissé perdre tout-à-fait les habitudes commerciales des habitants de Limoges; il semble, au contraire, que l'adversité les ait préparés, dans le silence de l'étude et à travers les plus vives préoccupations, à des efforts, à des succès nouveaux.

En effet, les orfèvres limousins reparaissent bientôt plus nombreux qu'autrefois. Ils se disent alors tous émailleurs, et peuvent continuer avec éclat la célébrité qui, depuis saint Éloi, honorait déjà le Limousin. Ducange l'atteste, M. Monteil le confirme, et M. l'abbé Texier évalue à dix mille le nombre des châsses seules qui, fabriquées à Limoges, furent réparties alors entre les églises ou les maisons religieuses de notre diocèse. Un retour si prompt de la prospérité publique atteste des immenses sacrifices que chacun dut s'imposer pour raviver le travail industriel à Limoges.

Quant au commerce, il ne pouvait rester stationnaire, et il croît en proportion du travail artistique qui se faisait autour de lui. Les habitants de Limoges deviennent de plus en plus les facteurs, les dépositaires, les commissionnaires, les correspondants de leurs voisins, et leurs affaires s'étendent en même temps dans l'Espagne, dans les provinces du Nord, dans la Catalogne, dans la Galice, etc. Ils fournissent avec avantage les épiceries, les cotons de l'Inde, les draperies des grandes manufactures, enfin tous les produits qu'ils peuvent utilement échanger et transporter par Limoges d'un point à un autre.

C'est probablement à ces relations commerciales, à ces contacts multipliés, qu'il faut attribuer l'immense part de la langue limousine dans la formation de l'idiôme catalan, part telle que lorsque les proscrits d'Espagne sont venus, plus tard, chercher un refuge dans nos provinces, ils entendaient nos paysans et causaient avec eux comme d'anciens amis qui se revoient ou qui auraient une origine commune.

C'est à ces heureuses circonstances, qui devaient appeler de tous les points l'attention sur nous, que la ville de Limoges dut sans doute aussi l'arrivée de marchands vénitiens. Ils vinrent s'établir au faubourg Saint-Martin, et y fonder un important entrepôt de marchandises du Levant qu'ils faisaient débarquer au port d'Aigues-Mortes, sur la Méditerranée, et puis transporter à Limoges, par la voie de terre, pour les expédier ensuite dans tout le royaume, et même, assure-t-on, en Ecosse, en Angleterre, en Irlande, et sur les frontières ou au-delà de l'Espagne. Leur nombre et leurs affaires étaient assez considérables pour attirer parmi eux la visite du doge Orséolo.

La présence de ces étrangers, d'une intelligence commerciale si précise et d'une capacité si rare que l'on cite encore comme des hommes complets les négociants de Venise, dut, à cette époque, éveiller l'attention, exciter le zèle, et forcer les négociants de Limoges à de nouveaux efforts et à de nouveaux progrès.

Quelques historiens ont douté de l'arrivée des marchands vénitiens à Limoges ; mais ce fait est certain. M. l'abbé Texier, dans son *Essai sur les Argentiers et les Emailleurs*, constate que Gérald de Tulle, abbé de Saint-Martin-lez-Limoges, par un acte du XIe siècle, s'obligeait à fournir à perpétuité trois livres de poivre à Gérald, évêque d'Angoulême, et à ses moines ; ce qui, dit Nadaud, lui était facile, *le comptoir des Vénitiens touchant à son monastère*.

Ainsi, dès le XIIe siècle, en même temps que l'industrie répandait sur tous les points, sous le nom d'*Œuvre de Limoges*, des produits qui faisaient honneur à nos artistes, le commerce, de son côté, avait atteint de telles proportions, et présentait à Limoges des conditions si favorables, que des étrangers venaient de très loin pour y établir des comptoirs. Ce seul fait prouve les sérieux efforts de nos ancêtres pour rendre la ville de Limoges un centre important d'affaires, et les grandes opérations qui devaient alors s'y traiter, aussi bien que dans les provinces voisines.

Un texte de 1234 fournit une précieuse statistique (1). Il désigne, pour chaque jour de la semaine, les métiers qui doivent faire le guet à Limoges, et qui étaient au nombre de trente-trois, placés dans l'ordre suivant : *Les changeurs, les doreurs, les monnayeurs, les drapiers, les fabricants de sceaux, les serruriers, les bouchers de grosse viande, les manœuvriers, les bouchers de menu bétail, les boulangers, les charpentiers, les maçons, les pelletiers, les tisserands, les fabricants de crochets ou romaines, les taverniers, les saliniers, les fabricants de fuseaux, les fabricants d'anneaux, les fabricants d'aiguilles, les marchands, les sergents, les jongleurs, les apprêteurs, les forgerons, les selliers, les fabricants de*

(1) Histoire de la Bourgeoisie, par A. Leymarie.

carreaux ou de traits pour les arbalètes, les fabricants de bâts, les cordonniers et les sabotiers.

Ce document fait connaître, jusqu'à un certain point, l'état de l'industrie à Limoges dans la première moitié du XIIIe siècle : il n'énumère pas très certainement tous les métiers qui devaient alors prospérer dans notre cité.

Un mémoire écrit en faveur des abbé et chanoines de Saint-Martial, vers l'an 1380, contre les consuls de Limoges, mentionne quelques autres métiers, tels que *les ciriers, les merciers, les fabricants d'objets de corne;* mais un document beaucoup plus important, la pancarte des péages en 1377, dont nous avons donné le texte (page 56, IIe partie), achève de faire connaître les objets sur lesquels s'exerçaient le commerce et l'industrie à cette date (1).

Les matières textiles étaient le coton, la laine, le chanvre et le lin, qui devaient se filer en grande partie dans la ville ou dans les environs, puisque la corporation des tourneurs portait le nom de fusiliers ou fabricants de fuseaux. Il faut remarquer, quant au coton, que la pancarte mentionne *le coton filé ou à filer,* ce qui implique l'existence d'une fabrication de tissus de coton, lesquels devaient être un objet de luxe, puisque la matière première était soumise à la même taxe que les épices, produits précieux (2).

La préparation des cuirs n'était pas une des industries les moins considérables, comme le prouvent les statuts donnés aux tanneurs dans le siècle suivant : c'est pourquoi le tan n'acquittait à l'entrée qu'un droit égal à celui des bois. La cire, qui ne servait guère que pour le culte, était fortement imposée. Elle payait une taxe double de celle des épices; aussi n'y avait-il, en 1375, que sept fabricants de cierges, maîtres ou maîtresses, connus sous le nom de chandeliers. Le suif, d'un usage général, payait un denier seulement par quintal, trois fois moins que la cire (3).

Enfin, pour juger de l'importance des diverses fabrications à cette époque, dit M. A. Leymarie, auquel nous avons dû et auquel nous devrons encore beaucoup emprunter dans son remarquable travail historique, il faudrait, « à défaut de la quan-» tité des matières mises en œuvre, connaître le nombre de

(1) Histoire de la Bourgeoisie, par A. Leymarie.
(2) Idem.
(3) Idem.

» maîtres de chaque métier; malheureusement les documents
» sont très incomplets, et nous n'avons trouvé qu'un très petit
» nombre de chiffres.

» En 1394, il existait dix maîtres argentiers;
» En 1397, quinze chaussetiers de laine, ou fabricants de bas
» et mitaines;
» En 1403, huit selliers.

» Les corporations des cloutiers, des serruriers, des fabri-
» cants de fuseaux et de crochets durent avoir un plus grand
» nombre de maîtres, puisque chacune d'elles donna son nom
» à la rue qu'elle habitait. (*Voyez Origine des rues de Limoges,*
» II⁰ partie, page 69.)

» Outre les matières employées par les industries que nous
» venons de nommer, le commerce d'importation à Limoges
» continuait d'avoir pour objet les épices, c'est-à-dire le poi-
» vre, le gingembre, la cannelle, le safran et le girofle; l'alun;
» les draps de France, c'est-à-dire de Paris et des environs;
» ceux d'Étampes, taxés aussi par la pancarte de 1377, et ceux
» de Felletin, mentionnés dans le testament de Barthélemy
» Audier; les toiles; les chiffons; les cordes; les fourrures;
» la plume; le poisson salé, et les fromages de Poitiers.

» La ville tirait encore de l'extérieur, mais du pays probable-
» ment, des cercles, des marmites, des menus ustensiles de
» bois pour les besoins du ménage, de la mercerie, du pois-
» son frais, des fromages du pays, du vin, du vinaigre, des
» fruits, des produits du jardinage, du bois, etc. »

Du xiiiᵉ au xivᵉ siècle, l'industrie, le commerce, les arts
furent florissants; aussi les habitants de Limoges sont-ils
appelés, dans un mémoire pour l'abbé de Saint-Martial,
Ditissimi mercatores.
Mais nous ne pouvons passer sous silence une importante
industrie qui dès le xiiᵉ siècle a pris naissance dans nos plus
modestes fermes, qui attache tour à tour à ses succès le sei-
gneur comme le paysan, qui jette un nouvel éclat sur le
Limousin, éclat qui, comme tout ce qui prend une origine dans
cette contrée, semble devoir grandir et durer longtemps. Nous
voulons parler de l'industrie chevaline.

Le comte de Royères, gentilhomme limousin, ramena des
croisades, où, comme une foule de nos honorables compatriotes, il s'était empressé d'aller jouer chevaleresquement sa

vie pour Dieu , le roi et la France , un certain nombre de chevaux arabes, barbes et turcs, d'une grande beauté. Il eut l'heureuse idée de croiser cette race orientale avec celle des chevaux de notre pays , et cette entreprise fut couronnée d'un tel succès que , depuis les croisades , le commerce des chevaux limousins n'a cessé d'être très productif , et a jeté sur notre pays une sorte de célébrité qui, loin d'être éteinte, est encore de nos jours patriotiquement soutenue par des éleveurs qui , chaque année , voient proclamer leurs succès sur tous les hippodromes de la France.

Telle a été l'origine de ces chevaux de race française connus sous le nom de *chevaux limousins*, chevaux élégants et fins , d'une agilité gracieuse, d'une belle attitude ; vigoureux , nerveux , mêlant les formes brillantes aux qualités solides, et faisant à juste titre l'admiration du monde hippique ; aussi les appelait-on jadis, dans nos armées, *mangeurs de baïonnettes*.

L'agriculture trouva d'abord des avantages et le commerce des bénéfices dans cette industrie ; mais elle eut ses mauvais jours. Les seigneurs , en s'approchant de la cour, abandonnèrent la culture de leurs terres à des fermiers ou à des régisseurs qui, loin de partager leurs goûts pour les belles races, les laissèrent promptement dégénérer.

Plus tard, le maréchal de Turenne, gouverneur du Limousin, voulut rétablir dans toute sa première splendeur l'industrie chevaline. Il fit venir de l'Andalousie, de l'Algérie et de l'Arabie des chevaux barbes qui devaient raviver la race. Tant d'efforts et de sacrifices furent néanmoins infructueux, les propriétaires contrariés par les règlements de 1717 se découragèrent, et ce n'est que sur la fin du règne de Louis XV que le commerce des chevaux limousins reprit une certaine importance, grâces à l'établissement du haras de Pompadour. Cette prospérité ne fut pas de longue durée.

La suppression du haras par l'Assemblée nationale, les réquisitions faites pendant la guerre de la Vendée , et la rareté des amateurs de beaux chevaux pour les faire valoir, alors que la fortune publique disparaissait , précipitèrent la ruine de ce commerce, et détruisirent presque entièrement les chevaux de race limousine.

Il n'en existait plus en 1801 qu'un très petit nombre de rejetons devenus d'autant plus précieux qu'ils étaient plus rares. Ils avaient été sauvés du bouleversement universel par quelques propriétaires soigneux , dont les efforts avaient constamment tendu à la conservation de cette race ; mais , dès ce jour, cette brillante industrie ne fut plus , il faut le reconnaître , qu'un souvenir.

On ne pouvait envisager qu'avec regret un pareil état , et , depuis lors , d'honorables propriétaires, avec des soins et de la persévérance , sont parvenus sinon à rétablir complétement en Limousin la race primitive de ses chevaux , du moins à en refaire une nouvelle , qui est, dit-on, digne de l'ancienne.

Mais reprenons au xvie siècle.

Des lettres-patentes d'Édouard de Galles constatent officiellement l'existence , à Limoges , du commerce important de tannerie et de mégisserie qui existait déjà depuis un certain temps. A cette date aussi remontent les magnifiques châsses de Chamberet , de Mansac , d'Ambazac , et tous les trésors de l'art de l'orfèvre-émailleur. Les artistes limousins perfectionnaient , inventaient peut-être alors , dit M. l'abbé Texier, la peinture sur verre, dont les premiers essais , d'après d'autres auteurs , remonteraient à 1137, sous Louis le Jeune.

Le xvie siècle, en effet , fut pour la ville de Limoges une brillante époque. Tout semble se ranimer à la fois. Elle n'est plus une de ces mers mortes au sein desquelles dorment comprimés, confondus, presque oubliés, les intérêts du pays. Les tempêtes ont passé , et les agitations que le Limousin a traversées ne sont plus déjà qu'un souvenir. L'art va tout-à-fait ressusciter parmi nous ; et, dans cette nouvelle période, prenant un noble élan , il grandira pour la gloire de notre pays , sinon pour les intérêts matériels de nos concitoyens.

En effet, nos artistes se détachent tout-à-coup des idées spéculatives, et ils recherchent , découvrent des horizons inconnus. Les idées du beau dominent au premier rang, et réduisent au second les opérations ordinaires de l'industrie et du commerce.

Dans cette voie , chacun se préoccupe plus de son renom d'artiste que des bénéfices de son travail , et veut conquérir en gloire ce qu'il sacrifie à l'argent.

Mais tout progrès, toute amélioration, toute célébrité en font éclore d'autres. L'art de l'émailleur ne fut plus alors dévolu à des peintres ou à des orfèvres obscurs, qui faisaient trafic d'une marchandise ; il devint l'œuvre de l'artiste savant qui sait créer et faire admirer ses merveilleux tableaux.

Les succès les plus éclatants couronnèrent de si nobles efforts, et nos artistes, comme jadis saint Eloi, furent recherchés à leur tour partout où l'art et le beau étaient en honneur.

C'est alors que le fameux Léonard, auquel François Ier aurait donné, disent par erreur quelques historiens (1), le surnom de *Limousin*, afin de le distinguer de Léonard *de Vinci*, célèbre peintre italien qui vivait à sa cour, embellissait de ses tableaux émaillés les demeures de François Ier, de Henri II et de Charles IX ; qu'il exécutait pour l'église de Saint-Pierre une peinture sur bois de grande dimension, représentant l'incrédulité de saint Thomas, et qu'il signait : *Léonard Limosin, esmailleur-peintre, valet de chambre du roi.* C'est alors que J. Courteis ou Courtois décorait de médaillons émaillés les châteaux de Madrid, Chambord et Fontainebleau ; jetait d'admirables peintures sur des feuilles de verre, et prenait l'engagement d'exécuter des vitraux pour l'église de La Ferté-Bernard ; c'est alors que Pierre Raymond, auteur d'émaux célèbres, enluminait le *livre de comptes* de la confrérie du Saint-Sacrement de Limoges, et y dessinait les objets d'orfèvrerie dont elle faisait l'acquisition (2).

Les succès de ces trois émailleurs excitèrent une féconde rivalité entre tous les ouvriers de Limoges.

La société française, sous le règne de François Ier, qui encourageait les talents et le travail, était d'ailleurs si avancée dans le domaine des arts et des sciences, que pas une étincelle du génie ne semblait pouvoir être perdue. De charbonnier, Ramus était devenu l'oracle du collége de France ; d'arpenteur, Palissy était devenu peintre ; d'enfant de chœur, Josquin-des-Prez était devenu un harmonieux maître de chapelle. Aussi, dans toutes les branches de l'esprit humain, excitées par de si légitimes succès, voyait-on une activité fébrile agiter les intelligences, à Limoges comme ailleurs.

Jusqu'au XIVe siècle, le métal des œuvres émaillées, fouillé, creusé par l'artiste dans les parties qui devaient recevoir la matière qui se pétrifiait ensuite au feu, reparaissait à la surface du dessin en lignes dorées capricieusement tourmentées, et formant autour de chaque teinte un rempart qu'elle ne devait pas franchir : c'était là l'émail mosaïque, l'émail en in-

---

(1) Le père de Léonard s'appelait *Limosin*. Un contrat du 10 février 1577, reçu Albin, notaire, fait mention des *hoirs de feu Léonard Limosin, esmailleur.* (Liasse 4471.)   (MAURICE A DANT.)

(2) Histoire de la Bourgeoisie, par A. Leymarie.

crustation auquel les antiquaires ont donné le nom de *Bysantin*. Désormais le métal cessa absolument de faire partie de la composition, il ne fut plus que la matière destinée à recevoir, à conserver la peinture ; son rôle ne devait plus être que celui de la toile ou du bois. Il n'y avait donc plus nécessité à ce que l'émailleur travaillât les métaux ; il abandonna le burin pour se servir exclusivement du pinceau (1).

De son côté, l'argentier-doreur s'empressa de modifier son travail et s'adonna tout entier à la fonte et au ciselage des matières précieuses. Il se borna au seul nom d'orfèvre, et, dans cette nouvelle carrière, il ne contribua pas moins à la modification de l'art de l'émaillerie, qui dès lors fuyait le cloître (2).

Mais toute tendance trop absolue, quelque forme artistique qu'elle revête, lorsque, en résumé, il faut vendre, présente des dangers. Le culte de la forme, la beauté de la peinture, le fini de l'ornementation poussés trop loin, et en butte à une concurrence ruineuse, ne pouvaient prospérer longtemps qu'encouragés, soutenus par une société riche et par un gouvernement ami des arts, tel qu'était celui de François 1er.

Il ne suffit pas de travailler pour la gloire ; il faut, dans l'industrie, travailler aussi pour vivre. *Dura lex, sed lex.* Nos émailleurs, excités, entraînés les uns par les autres, voulurent rester artistes, alors qu'il fallait compter avec de nouvelles circonstances, et dès ce moment il leur fallut décheoir rapidement : l'état précaire et nécessiteux dans lequel ils se trouvèrent hâta bientôt la décadence de l'art.

A la même époque, et dans les mêmes circonstances, Bernard Palissy, après avoir jeté la toise d'arpenteur pour chercher, au milieu de toutes les angoisses du génie, le secret de ces rustiques figurines qui avaient fait et qui font encore l'admiration de l'Europe, était réduit à écrire ces tristes lignes, dignes de fixer l'attention de tous ceux qui ne voudraient de limites à aucune théorie, à aucun principe : « Je te prie, cher lecteur, considère un peu les verres (les vitraux peints ornaient alors les plus humbles manoirs), lesquels, pour avoir esté trop communs entre les hommes, sont devenus à un si vil prix, que la plupart de ceux qui les font vivent plus méchaniquement que ne le font les crocheteurs de Paris. Ils sont

(1) Essai sur les Argentiers, par M. l'abbé Texier. — Histoire de la Bourgeoisie, par A. Leymarie.

(2) Idem.

» vendus et criés par les villages par ceux mêmes qui crient
» les vieils drapeaux et ferrailles, tellement que ceux qui
» les font et ceux qui les vendent travaillent beaucoup à vivre.»

Parmi ceux qui ont fouillé dans le passé industriel et commercial de notre cité, M. Maurice Ardant, dans un discours qu'il prononça, comme président du tribunal de commerce, à l'installation des nouveaux juges, en 1837, nous fournit des documents qui jettent un jour nouveau sur la part qu'ont eue les événements dans la formation et les progrès de notre prospérité commerciale au xve siècle.

Selon ce savant archéologue, les rois de France Charles VII et Louis XI, ayant eu occasion de passer à Limoges, et de se convaincre des qualités intelligentes et actives de nos négociants, de leur loyauté et de leur expérience, en auraient conservé un tel souvenir, que Louis XI, lorsqu'il entreprit de fonder des maisons de commerce dans l'Artois, voulut que le corps des marchands de la ville de Limoges lui confiât les fils de deux maisons des plus renommées, André Roger et Hélie Disnematin (1), pour les proposer comme exemples et comme conseils, à la fois, aux nouveaux négociants de la ville d'Arras (2).

Ces deux députés de notre commerce furent bientôt suivis de plusieurs autres négociants qui allèrent se fixer à Arras, et il ne serait pas étonnant qu'on trouvât encore, de nos jours, dans l'Artois, des traces de cette transmigration qui prouve que la ville de Limoges était, en 1479, regardée comme une place importante du commerce intérieur de la France.

C'est au xvie siècle que sont instituées des foires impor·tantes : celles des Rameaux, des Innocents (3), du dernier

---

(1) C'est de cette famille qu'est sorti le poète Jean Dorat, et que sont issus les *Disnematin-Dessales.*

(2) Icelle année, le roy manda aux habitants de Limoges de luy fournir de bons marchands pour aller demeurer et négocier dans la ville d'Arras. André Roger et Hélie Disnematin promirent d'envoyer leurs enfants et se trouver au jour assigné au pont de Neuvillard ; ainsi qu'il est escript dans un acte de parchemin, en date du 13 juillet 1479, *signé* MARESCHAL. (Chronique manuscrite.)

(3) C'est pour dédommager la ville de Limoges des pertes qu'elle avait éprouvées à la suite de la propagande calviniste qui entraîna de fâcheuses dissensions civiles, en 1576, que Charles IX créa les foires de la Saint-Loup et celle des Innocents. Nous devons aussi à ce roi la juridiction consulaire de la Bourse et un bureau des trésoriers de France.   (*Statistique de* 1808.)

jeudi de chaque mois, qui se sont maintenues actives jusqu'à nos jours, et que des lettres-patentes du chancelier de Lhospital établissent une *cour de la Bourse*, sorte de tribunal de commerce, composé d'un juge et de deux consuls des marchands, qui connaissaient des différends qui s'élevaient dans les transactions commerciales. C'est le 15 mars 1565 que cette cour entra en fonctions.

L'élection des juges-consuls, dit M. Maurice Ardant, était faite par soixante prud'hommes choisis parmi les marchands; l'assemblée était présidée par les consuls, officiers municipaux de l'époque.

C'est aussi en 1568 que Hugues Barbou venait, de Lyon, se fixer à Limoges, et y fondait une imprimerie et une librairie qui lui valurent, de la part du roi Henri III, des titres et des distinctions pour ses éditions classiques. L'imprimerie était déjà importée à Limoges; mais ce savant industriel lui donna de l'éclat, et depuis cette époque elle n'a pas cessé d'avoir une certaine importance.

Alors surgit un important commerce qui devra tout à la fois favoriser le développement de l'industrie à Limoges, et porter la richesse dans les plus pauvres communes de la Haute-Vienne et de la Creuse qui possèdent des cours d'eau.

C'est le vicomte de Châteauneuf qui, le premier, tente l'heureuse expérience de faire descendre à Limoges le bois de ses forêts par la Vienne et ses affluents, et qui ouvre ainsi désormais à nos propriétaires, à nos ouvriers, à notre cité, une nouvelle voie de richesses et de prospérité.

Ce moyen tout naturel et très économique de transporter les bois trouva bientôt de nombreux imitateurs, et depuis il a pris une si grande importance que nous nous demandons pourquoi notre vieux système de flottage à bûches perdues n'a pas encore été l'objet d'améliorations sérieuses.

Mais nos devanciers, il faut le dire, en voyant le bois, qui n'avait pas grande valeur, descendre par la Vienne et s'arrêter à Limoges, à la suite d'écueils et de pertes sans nombre, ne se doutaient pas qu'un jour le combustible deviendrait un des principaux agents de nos industries, et que nos manufactures comme nos ménages, effrayés du haut prix et de la rareté du bois, pourraient être obligés, malgré nos importantes forêts et nos nombreuses communications fluviales, d'aller demander un jour du charbon de terre aux houillères de l'Allier, de la Creuse, etc., et même à l'Angleterre.

Ce qui n'a pas été tenté se fera sans nul doute, et depuis longtemps déjà l'attention publique est à juste titre éveillée sur un état de choses qui n'est plus tolérable. Mais passons ; nous aurons l'occasion de revenir sur cette importante question, lorsque nous nous occuperons de l'état actuel de l'industrie à Limoges.

Un rapport officiel sur la généralité de Limoges, daté du XVIIe siècle, cite parmi les branches d'industrie les plus actives alors, celle de la tannerie, et celle des fers comme en grand renom. Les fabriques d'épingles, d'aiguilles à tricoter et à coudre étaient prospères ; les clous à cheval étaient fort estimés dans toute la France. La fabrication des boutons de fil et de soie, avant la mode des boutons d'étoffe, était aussi très importante.

A travers tant d'activité, la fortune publique devait grandir et prospérer en proportion. Lors des guerres de la fin du XVIIe siècle, la ville de Limoges fut frappée de contributions, de charges considérables qui s'élevèrent à la somme énorme de trois millions. C'était immense ; et cependant les trois millions furent trouvés.

Avançons encore, et nous retrouverons de nouveaux et fructueux essais, d'utiles entreprises. Dès le XVIIIe siècle, voici l'industrie du blanchissage des cires, celle de la fabrication des bougies et des cierges qui ont grandi dans la ville de Limoges et qui prospèrent ; voici l'établissement des martinets à fondre le cuivre qu'on travaille et qu'on dispose ensuite pour ses différents emplois ; voici la chaudronnerie qui, grâces aux soins qu'on y apporte, est solidement exploitée et peut aller écouler ses produits jusqu'à l'étranger.

En 1748, une manufacture s'élève pour la fabrication des étoffes de soie et de coton, des basins et des siamoises ; elle réussit, et est autorisée à prendre le nom de *manufacture royale ;* tandis que, d'un autre côté, la fabrication des droguets, flanelles et couvertures, qui depuis longtemps a pu jeter de profondes assises, et qui est appelée à de grandes destinées, s'accroît rapidement, et voit ses produits recherchés dans le Bordelais, la Saintonge, l'Angoumois, la Bretagne et le Berry.

Enfin, c'est au moment où Nouaillé, le dernier des émail-

2

leurs, et le dernier dépositaire des procédés de la fabrication des émaux, va mourir, emportant ce grand secret considéré comme perdu, que le chirurgien Darnay, en fouillant le sol de Saint-Yrieix, reconnaît le kaolin qui manquait à la France.

Cette découverte est immense. Elle doit ressusciter désormais le génie industriel et artistique des habitants de la Haute-Vienne, tout en permettant de fonder en Limousin une de ces industries durables, éclatantes, solides, dont le monde entier sera peut-être un jour tributaire. Si l'ère des émailleurs est terminée, si les secrets de leur art restent oubliés, ne désespérons donc pas du présent ni de l'avenir ; Dieu nous donne en échange les fabriques de porcelaines et les exploitations du kaolin.

La fortune de Limoges ne devait pas périr, elle ne périra pas. De nouveaux artistes vont succéder à d'autres. Bientôt les porcelaines de Limoges, par l'éclat de leur blancheur, par la délicatesse des formes, par leurs riches décors, iront revendiquer sur tous les points du globe la célébrité de nos illustres émailleurs.

Mais en même temps que Darnay signalait l'existence du kaolin à Saint-Yrieix, et que chacun pensait à tirer parti de sa découverte, le Limousin avait le bonheur de trouver en 1762, à la tête de son administration, un de ces hommes de génie qui ne reculent devant aucune difficulté pour réaliser un progrès : c'était Turgot (4).

Pénétrant d'un coup d'œil l'avenir du pays, pressentant toute la valeur de nos premiers essais de porcelaines, il les patronne, il les encourage, et afin que la ville de Limoges ne reste pas en arrière de la civilisation qui se développe de toutes parts, il s'empresse de l'assainir, de créer et de faire exécuter de nouvelles routes pour accroître son commerce d'entrepôt ; enfin il s'as-

(1) A son arrivée à Limoges, en 1761, Turgot fut complimenté trois fois par un de nos négociants, M. Jacques Pétiniaud, qui se trouvait alors, en même temps, premier consul, premier juge de Bourse, et premier administrateur de l'hospice. Turgot conçut une si bonne idée de ce négociant distingué, qu'il eut toujours de l'estime pour lui, et le prit même pour conseil dans toutes les affaires de la localité. Quelques années après, lorsque la disette se déclara, M. Jacques Pétiniaud rendit de grands services à la ville de Limoges en faisant arriver des blés qu'il prêtait à la commune sans argent. Les avances de cet homme généreux restèrent trop longtemps oubliées. Mais enfin la ville de Limoges comprit qu'elle devait acquitter une dette d'honneur, et la famille fut payée.

socie activement au projet de rendre la Vienne navigable de Limoges à Châtellerault, projet immense qui, s'il eût été exécuté, aurait amélioré depuis longtemps les destinées industrielles, commerciales et agricoles du département de la Haute-Vienne (1).

Honneur à ce grand magistrat, et qu'il soit toujours glorifié parmi nous; car à Turgot se rattachent toutes les idées de grandeur d'âme, de vastes conceptions, de sages projets et de vues bienfaisantes qui ont permis déjà à notre contrée de se développer.

C'est ainsi que nos aïeux, en dirigeant d'un siècle à un autre, avec honnêteté (2), leurs efforts, leur aptitude, leur persévérante résolution vers les arts, l'industrie et le commerce; servis par quelques circonstances heureuses, par quelques hommes d'une grande valeur, et sachant rester étrangers aux spéculations hasardeuses qui ont causé toujours çà et là de grandes perturbations, sont parvenus, dès le xviiie siècle, à faire de la ville de Limoges un de ces centres d'affaires considérables où la prospérité, fondée par le temps et l'expérience, devait grandir et ouvrir aux générations futures de nouvelles et plus vastes destinées.

Néanmoins, quand, vers la fin du xviiie siècle, une révolution terrible éclata en France, remua toutes les couches sociales, ébranla tous les intérêts, la ville de Limoges en subit les tristes effets. A travers cette affreuse tourmente, nous sommes heureux de le constater, la raison publique put néan-moins affaiblir les passions; notre cité souffrit, mais beaucoup moins que d'autres.

Aussi, dès que l'agitation révolutionnaire s'apaise, nous la voyons reprendre, comme par le passé, le rang qui lui appartient au centre de la France, et poursuivre avec un nouvel élan le cours des affaires.

(1) On trouve dans le troisième volume de l'histoire du Poitou, par Thibaudeau, page 70, un arrêt du Conseil, en date du 15 avril 1538, par lequel il était ordonné, dès cette époque, que la rivière du Clin serait rendue navigable; que la Vienne serait aussi rendue navigable, depuis Châtellerault jusqu'à Limoges. (Juge-Saint-Martin, *Mœurs de Limoges*, p. 69.)

(2) Le commerce de Limoges jouissait d'un crédit si solide, que M. Ardant-Lagrénerie pût acheter, sous sa seule responsabilité, et recevoir de ses correspondants du Nord, dans une année de disette générale, de grandes quantités de grains nécessaires à l'alimentation de la ville, qu'il préserva ainsi des horreurs de la famine. Turgot fit connaître cet acte de patriotisme à Louis XV, qui le récompensa en décorant M. Ardant du cordon de ses ordres.

Pour continuer cette étude, les documents ne nous feront plus défaut. La révolution a vainement menacé de tout engloutir : dès 1808 l'esprit industriel et commercial de la Haute-Vienne est réveillé, et si fortement honoré, développé, que nous voyons apparaître une Statistique de la Haute-Vienne, statistique remarquable (1), qui va nous permettre de suivre, de constater avec certitude la marche des faits pendant la fin du XVIIIᵉ siècle et dès le commencement du XIXᵉ.

Ces précieux renseignements que nous allons recueillir avec soin, quoique nous devions nécessairement les abréger, constatent une époque intéressante, un actif curieux à rappeler : ils permettront d'ailleurs à chacun de comparer 1808 avec 1856, et de mesurer ainsi le terrain que nous avons parcouru depuis environ cinquante ans dans le domaine de l'industrie et du commerce.

Statistique de 1808. — Industrie et Commerce.

Population de la Haute-Vienne. . . . . . 254,405 individus.
Population de la ville de Limoges. . . . 21,757 individus.

I. INDUSTRIE.

1° MÉTAUX.

Forges et fourneaux. Les grandes usines à fer étaient placées dans la partie méridionale de la Haute-Vienne, sur le cours du Bandiat et de la Tardoire. Il n'en existait point dans les arrondissements de Limoges et de Bellac. Le département possédait vingt-sept forges et quatre fourneaux, dont seize dans l'arrondissement de Rochechouart, et onze dans celui de Saint-Yrieix. Les motifs qui ont déterminé le placement de ces usines sont sans nul doute la proximité des minières, l'abondance du combustible, et l'heureuse position des eaux. Tous ces établissements ne faisaient usage que du bois, essence de chêne et de hêtre.

Les forges consommaient 271,150 myriagrammes de charbon, dont les deux tiers étaient composés de châtaignier et le surplus de chêne ou de hêtre. Elles employaient 144,900 myriagrammes de minerai, 36,230 myriagrammes de castine pour les fourneaux, et 147,230 myriagrammes de fonte importée, pour les affineries.

(1) *Statistique générale de la France*, publiée par ordre de S. M. l'Empereur et Roi. — DÉPARTEMENT DE LA HAUTE-VIENNE. — M. L. Texier-Olivier, préfet. — 1 vol. in-4° de 560 pages (1808. Auteur, Rougier-Chatenet.

Leurs produits consistaient 1° en 125,600 myriagr. de fer ;
— 2° en 750 myriagr. de gros acier.

Les deux cinquièmes des fers qui se fabriquaient dans la Haute-Vienne étaient employés aux besoins des arts et de l'agriculture, et le reste s'exportait dans les départements voisins, notamment dans la Charente et la Charente-Inférieure.

Les fers de la Haute-Vienne étaient à la fois doux et nerveux. Les usines à fil de fer n'en connaissaient pas de meilleurs. Aussi les maréchaux de Paris et des principales villes de France ont-ils longtemps considéré le fer du Limousin comme le plus convenable pour ferrer les chevaux.

Aciéries. On ne faisait d'autre acier que celui qui s'obtient naturellement par le battage du fer dur, et qui était employé par les taillandiers et les fabricants de faux.

L'expérience a prouvé que nos aciers, corroyés et manipulés avec soin, pouvaient être préférés à ceux d'Allemagne. Ils furent employés avec succès à la fabrication des sabres et des armes à feu, en 1796, dans les établissements qui se formèrent à Limoges et à Bergerac.

Fabriques de fil de fer. Il existait près de Limoges, sur le Taurion, sur le ruisseau de Lavaud, près de son embouchure dans la Vienne, et sous la chaussée de l'étang de La Besse, commune d'Ambazac, trois fabriques de cette espèce. — Le fil de fer qui sortait des deux premières fabriques était de grand et de petit calibre ; on en faisait pour la bordure des chaudrons, pour tringles de lit, pour chenettes, pour aiguilles à tricoter, etc. La troisième ne fabriquait de fil de fer que pour la petite chaudronnerie.

Ces trois établissements employaient chaque année 1,850 myriagrammes de fer brut, dont ils s'approvisionnaient à Limoges ou dans les forges de la Rivière, et ils tiraient annuellement 1,480 myriagrammes de fil de fer, dont la qualité supérieure, la grande douceur et la grande ductilité, les faisaient préférer à ceux de la Suisse et du Jura.

Cette industrie, qui commençait à devenir intéressante avant la révolution, marcha bientôt s'affaiblissant par suite de la cherté des matières premières et de la main-d'œuvre. Elle trouvait l'écoulement de ses produits dans la Haute-Vienne, la Gironde, le Lot-et-Garonne et le Cantal.

Fabriques de cardes. Trois maîtres cardeurs étaient établis à

2..

Limoges et occupaient vingt ouvriers des deux sexes. Ils fabriquaient chaque année huit à neuf cents paires de cardes tant pour le coton que pour la laine. Les produits de ces petites fabriques s'écoulaient dans la Haute-Vienne, la Dordogne, la Charente et la Charente-Inférieure.

Clouterie, taillanderie, serrurerie. Cette fabrication était dispersée dans les mains d'environ mille ouvriers dont le plus grand nombre ne travaillait que pour les besoins de l'agriculture. De ce nombre étaient cent soixante-quatre serruriers, cent vingt-neuf cloutiers, cent soixante-huit taillandiers, cinq cent vingt-six maréchaux.

L'art de la serrurerie avait fait des progrès. Sans être moins solides, les ouvrages de ce genre avaient pris des formes plus élégantes. Mais ils ne pouvaient soutenir la concurrence pour le prix avec la fabrication de Saint-Etienne qui commençait à se répandre sur tous les points de la France.

On faisait aussi autrefois à Limoges un commerce considérable de clous. La qualité de nos fers les faisait rechercher. Mais cette industrie a dû décroître devant les progrès qui se sont accomplis ailleurs, et se trouver bientôt réduite à la consommation locale.

La taillanderie était en général très grossière. Elle n'avait guère pour objet que les ustensiles nécessaires aux cultivateurs. La seule fabrication importante était celle d'Oradour-sur-Vayres pour les faux.

Quelques maréchaux s'occupaient exclusivement du ferrage des chevaux ; mais le plus grand nombre, disséminé dans les villages, ne travaillaient qu'à réparer les charrues, à faire quelques instruments de labourage, et à ferrer des sabots.

Cuivre rouge. On comptait dans la Haute-Vienne sept martinets de cuivre rouge : un à Limoges, deux à Saint-Junien, et quatre à Saint-Léonard. Chaque martinet fabriquait, année commune, 750 myriagrammes de chaudrons ou fonds de chaudières.

Laiton ou cuivre jaune. C'est à M. Morin, fondeur de la Monnaie de Limoges, que nos concitoyens ont dû de voir convertir le cuivre rouge en laiton, en le fondant avec la pierre calaminaire, et de fonder en 1763 un martinet dont les produits rivalisaient avec les produits étrangers. On y fabriquait jusqu'à 1,500 myriagrammes de laiton en fourrures qui se vendaient facilement. Cette manufacture est restée florissante jusqu'à la révolution ; mais lorsque la France eût fait l'acquisition des départements de la rive gauche du Rhin, elle dût plier devant les manufactures rivales de

Stolberg, mieux placées pour s'approvisionner des matières premières, et pouvant vendre à plus bas prix.

Fabriques d'épingles. Nous avons déjà dit qu'autrefois on fabriquait à Limoges une grande quantité d'épingles; la plus grande partie était de fil de fer, et quelques-unes en fil de laiton. C'est la concurrence des fabriques de Laigle qui fit tomber cette branche d'industrie. On ne compta plus à Limoges que trois à quatre épingliers qui fabriquaient des aiguilles à tricoter et des agrafes de différentes formes ; mais tous ces débris d'une industrie jadis active n'offraient plus d'importance.

Emaux sur cuivre. Le XVIᵉ et le XVIIᵉ siècles avaient vu s'étendre, grandir, puis presque disparaître la célébrité de nos émailleurs. De cette noble phalange de dessinateurs, de peintres, d'orfèvres, si vantés, si admirés dans toute l'Europe, Laudin est le dernier artiste qui emporte avec lui les secrets du beau et du fini. Un autre sacrifice est encore réservé à notre pays : non-seulement l'art de l'émailleur ne sera plus que dans les admirables créations du passé, mais les secrets de la fabrication des émaux, qu'un seul artiste, appelé *Nouaillé*, avait communiqués à son fils, en 1765, et que ce fils aurait pu transmettre à notre génération, furent perdus eux-mêmes lors de sa mort, en 1805. Depuis lors cette industrie n'a plus eu de représentants à Limoges, malgré les savantes découvertes de M. l'abbé Texier et de M. Maurice Ardant.

Orfèvrerie. La révolution arrêta les progrès de cette fabrication. Au retour de l'ordre, à la renaissance du luxe, au rétablissement du culte catholique, elle reprit faveur. Les articles qu'on fabriquait le plus communément à Limoges étaient ceux qu'on nomme *grosserie*, tels que crochets, chaînes de ciseaux, boucles, tabatières, etc. L'absence d'ouvriers capables a été, dit-on, la cause de la décadence de cette industrie.

Plomb. Les mines de Vic, de Glanges et de Saint-Genest, à 2 myriamètres et demi sud-est de Limoges, furent exploitées en 1724, et abandonnées en 1725. — En 1765, une compagnie d'actionnaires voulut de nouveau tirer parti des mines de Glanges; mais la révolution la força à suspendre tous les travaux, et depuis lors ils n'ont pas été repris.

2° TERRES ET PIERRES.

Matières à porcelaine. Parmi les substances minérales qui enrichissent le sol de la Haute-Vienne (Voyez *Aperçu géologique et minéralogique sur la Haute-Vienne*, Ire partie.), il n'en est pas de plus précieuse que les kaolins et les pé-tun-tsés. C'est à leur découverte que l'Empire dut la fabrication de la porcelaine dure; c'est à leur abondance et à leur beauté qu'il doit la prospérité de l'industrie de la porcelaine, une des branches importantes aujourd'hui de l'industrie française.

Jusqu'en 1761, les manufactures royales de Chantilli et de Sèvres n'avaient fabriqué que des porcelaines tendres. A cette époque, un Strasbourgeois fit connaître à cette dernière les matières employées et les procédés usités à la manufacture de Frankental; mais les kaolins provenaient de Passau, et n'étaient pas encore découverts en France.

M. Guettard, le premier, annonça à l'Académie qu'on trouvait des kaolins dans les environs de Limoges, et publia un mémoire à ce sujet en 1765.

A la même époque, M. Darnay, chirurgien à Saint-Yrieix, crut reconnaître dans les kaolins une argile précieuse pour le blanchissage, et, pour éclairer ses doutes, il en adressa des échantillons à M. de Villaris, pharmacien à Bordeaux, en lui faisant connaître leurs localités. Ce dernier partit pour Saint-Yrieix, y reconnut l'existence des kaolins, en fit des envois à Paris, et obtint des récompenses. Toutefois les réclamations de M. Darnay ne tardèrent pas à dissiper le doute qui enveloppait l'honneur de cette découverte, et il reçut à son tour, et à juste titre, les récompenses qu'il avait méritées. Sa veuve même, après sa mort, sur les instances de M. Alluaud aîné, fut l'objet d'une pension qui a été payée durant sa vie, par la liste civile, sous la monarchie de Louis-Philippe. C'était, disait M. Brongniart, administrateur de la manufacture de Sèvres, une dette de la France, pour une découverte fortuite, il est vrai, mais qui avait procuré à la France un genre d'industrie auquel nous devrons un jour une immense exportation, comme nous lui devons déjà une fabrication considérable.

Ce fut au domaine du clos de Barre, à environ un kilomètre de Saint-Yrieix, qu'on trouva les premiers kaolins. Plusieurs affleurements se montrant dans les environs furent fouillés, recherchés partout avec soin, et, dans peu d'années, on posséda plusieurs carrières importantes.

Ces découvertes redoublèrent l'ardeur des savants. Guettard, Macquer, Darcet et M. de Lauraguais, sans s'être communiqué leurs procédés, parvinrent à fabriquer quelques pièces de porcelaine dure. M. de Lauraguais en présenta des échantillons à l'Académie en 1766; quoique d'après les archives de la manufacture de Sèvres, ce serait M. Macquer qui, en 1768, y aurait introduit cette nouvelle fabrication.

Des industriels ne tardèrent pas, dans la Haute-Vienne, à fonder, de leur côté, des manufactures de porcelaines. On en vit ériger à Limoges et à Saint-Yrieix. Tout y encourageait : ils étaient à proximité des matières de kaolin et de pe-tun-tsé, et ils pouvaient, sans grands sacrifices, faire des essais, enfin apprendre à connaître les matières, à déterminer leurs mélanges, et à faire ainsi économiquement des produits d'une vente facile.

Avant la révolution, on comptait en France vingt fours à porcelaine en activité. Ils consommaient annuellement environ 15,000 myriagrammes de matières. On en exportait de France environ 5,000 myriagrammes. Depuis 1789, le nombre des fours a doublé en France. En 1801, la consommation des kaolins s'est élevée à 35,000 myriagrammes, et il n'en a été exporté qu'une très faible partie pour le Danemarck et pour l'Italie.

Manufactures de porcelaine. Peu de temps après la découverte des kaolins, M. Gabriel Grellet s'empressa de faire des essais sur la fabrication des porcelaines, et il obtint des succès qu'il dut, en partie, à la protection éclairée de M. Turgot. Ayant témoigné le désir de vendre sa manufacture au gouvernement, le roi en fit l'acquisition en 1784. M. Grellet fut nommé directeur, et M. Massier, contrôleur.

A la même époque, M. de La Seinie fondait une manufacture à Saint-Yrieix. Mais ses premiers travaux lui furent onéreux, et il les abandonna.

M. Darcet, qui avait suivi les opérations de la manufacure de Sèvres, fut envoyé à celle de Limoges pour en diriger les travaux. Plusieurs ouvriers de Paris le suivirent. M. Clostermann fut chargé notamment d'une spécialité, la composition des couleurs. La manufacture de Limoges, ainsi patronnée, fut bientôt en activité, et s'attacha à la fabrication des pièces d'une exécution facile, qui n'exigeaient que de légères décorations.

La révolution entrava la marche de cette manufacture; l'aliénation en fut ordonnée, et MM. Joubert et Cacatte en devinrent acquéreurs. Ces deux industriels se partagèrent l'établissement. M. Cacatte se fit fabricant, et M. Joubert afferma la partie qui lui était échue. Malheureusement M. Cacatte, fabriquant sans succès, fut forcé de vendre.

La manufacture que M. de La Seinie possédait à Saint-Yrieix fut affermée par M. Baignol de Limoges, qui y travailla de 1789 à 1797. A cette époque, trois ouvriers de Paris viennent pour l'exploiter, mais ils ne réussissent pas. M. Clostermann, en 1805, reprend la suite des travaux, puis les abandonne à son tour.

M. Monnerie établit en 1794, dans l'ancien couvent des Augustins, à Limoges, une nouvelle fabrique de porcelaines. Jusqu'en 1800, cette fabrique paraît prospérer ; mais plus tard elle trouve des difficultés qui en ralentissent les travaux.

Aussitôt que M. Baignol eût abandonné la manufacture de Saint-Yrieix, il vint en fonder une autre à Limoges, à laquelle il sut donner une grande extension. Il avait deux fours en activité, et consommait 32,000 myriagrammes de pâtes et couvertes. Cette fabrique et celle de M. Alluaud étaient alors les plus considérables du département de la Haute-Vienne ; leurs produits réunis formaient les trois quarts de la fabrication totale.

M. Alluaud père fonda une manufacture en 1798. Propriétaire d'importantes carrières, il s'appliqua d'abord à faire des essais sur les pâtes et les kaolins qu'il expédiait aux autres fabriques de porcelaines. Il mourut regretté à juste titre de ses concitoyens, en 1799, et son fils aîné, M. François Alluaud, s'empressa de reprendre les opérations de son père, et ne tarda pas à les perfectionner sous tous les rapports. A l'exposition de l'industrie française, en 1806, il recevait une honorable mention, qui ne devait être que le prélude de beaucoup d'autres distinctions justement méritées. La manufacture de M. Alluaud consommait annuellement 2,550 myriagrammes de pâtes et couvertes ; 7,200 myriagrammes de terre à gazettes, et 3,000 stéres de bois.

Les cinq manufactures du département de la Haute-Vienne avaient ensemble sept fours en activité, employaient 8,100 myriagrammes de pâtes et 900 myriagrammes de couvertes, 20,000 myriagrammes de terre à gazettes, 500 myriagrammes de plâtre, 25 décagrammes d'or, et 6,000 stéres de bois.

Leurs principaux débouchés avaient lieu dans le midi de la France. Les exportations à l'étranger étaient sans grande importance à cette époque ; elles étaient contrariées par les guerres.

Faïenceries. Après que M. Massier eut abandonné la fabrication de la faïence pour se livrer à celle de la porcelaine, il se forma plusieurs faïenceries qui sont tombées successivement. La seule qui existait alors, encore n'était-elle pas considérable, c'était celle de Saint-Yrieix, dont la qualité des produits était inférieure à celle des faïences de Nevers et de Strasbourg, et dont la seule médiocrité du prix assurait l'écoulement dans la Haute-Vienne et la Dordogne.

Poteries communes. Les établissements les plus considérables étaient à Bellac, à Saint-Junien, à Magnac-Bourg et à Limoges. On évaluait à 75,000 fr. le produit de ces diverses poteries; elles consommaient environ 3,000 stères de bois. Les fabriques de porcelaine fabriquaient, de leur côté, une autre espèce de poterie très recherchée, consistant en pots et en vases destinés à aller au feu, et qui étaient faits avec la terre à gazette ordinaire décantée.

Tuileries. Il était peu de cantons qui n'eussent leur tuilerie dont les travaux avaient une étendue proportionnée aux besoins des localités qui l'avoisinaient. La tuilerie de Séreilhac était la plus considérable, parce qu'elle fabriquait avec soin, et fournissait le plus à la consommation de la ville de Limoges.

On comptait dans la Haute-Vienne soixante-dix-huit fours à tuiles, qui fournissaient chacun annuellement soixante milliers de tuiles et trente-six milliers de briques, et qui employaient environ quatre cents ouvriers.

Verreries. Il existait dans la commune d'Azat-le-Ris, arrondissement de Bellac, une verrerie dont M. Labrousse était propriétaire. On y faisait des bouteilles de verre noir; trente ouvriers y étaient employés, et fabriquaient, année commune, 375,000 bouteilles qui trouvaient leur débit dans la Haute-Vienne, l'Indre et la Vienne.

Pierres à bâtir. On trouve à Sussac une masse de marbre dont on faisait d'assez mauvaise chaux. On a essayé d'en extraire quelques blocs, mais ces tentatives sont restées sans résultat sérieux.

Les carrières les plus communes sont celles de granite, qui constituent la charpente de nos montagnes, et que nos ouvriers travaillent çà et là pour la construction de quelques maisons de luxe, pour l'ornementation des portes, des croisées, et pour les façades des édifices. On en ferait un usage très considérable, et depuis longtemps on aurait cessé d'employer le bois pour les façades ou les murs extérieurs des maisons, si ce granite n'était d'un grain très dur, et ne coûtait beaucoup pour l'extraire et le mettre en œuvre.

3° EMPLOI DES SUBSTANCES VÉGÉTALES.

Filatures de lin et de chanvre. Il n'existait dans la Haute-Vienne d'autre filature de lin et de chanvre que celle qui s'exécutait à la quenouille. C'étaient des femmes et de jeunes filles des villes, et surtout des champs, qui se livraient à ce travail.

La plus grande partie des produits de ces filatures entrait dans la fabrication des droguets, des flanelles, des siamoises, des basins; le reste était réservé pour la couture. Les secondes qualités étaient employées par la grosse tisseranderie.

Fabriques de toiles de lin et de chanvre. Nous n'avons jamais eu de fabriques de ce genre proprement dites. Les toiles qui se fabriquaient dans la Haute-Vienne n'étaient que le produit d'un assez grand nombre de métiers épars, soit à la ville, soit à la campagne. On comptait ainsi environ deux mille tisserands, qui tour à tour s'occupaient de travailler la terre ou de faire aller la navette.

Ils fabriquaient des toiles de deux qualités. Les unes fines, pour les besoins du ménage; les autres grossières, d'un tissage irrégulier et mal battu, pour servir aux emballages. Le blanchissage des toiles première qualité se faisait facilement. Il suffit de les exposer à l'air sur les prairies qui bordent la Vienne. La légéreté des eaux de cette rivière, et les beaux gazons qui émaillent ses rives, suffisent, dit-on, pour opérer d'excellents blanchissages.

Coton. Il entrait autrefois dans la Haute-Vienne environ 5,000 myriagrammes de coton. Cette quantité s'accrut en 1792; elle fut, en 1801, de 7,500 myriagrammes.

Les trois cinquièmes des cotons importés à Limoges y étaient filés pour basins ou autres tissus, et les deux autres cinquièmes pour l'usage du tricot et pour la fabrication des siamoises.

Filatures de coton. La filature du coton occupait, en 1801, Limoges, dans ses environs ou dans quelques localités limitrophes.

482

www.ingramcontent.com/pod-product-compliance
Lightning Source LLC
Chambersburg PA
CBHW071409200326
41520CB00014B/3350